Piccola storia di un fico d'india

Martina D. Moriscoová

Piccola storia di un fico d'india

Copyright © 2019 Martina D. Moriscoová

Testo: Martina D. Moriscoová
Illustrazioni e layout di copertina: Martina D. Moriscoová
Editing: Daniela Cerrocchi
E-book Codice ASIN: B08BRYH4V9
Stampa ISBN: 9798650687122
www.martinadmoriscoova.com

C'era una volta
un grande
chicco.

Mamma mi spiegava che questo è il frutto di una pianta speciale e bella un cactus chiamato fico.

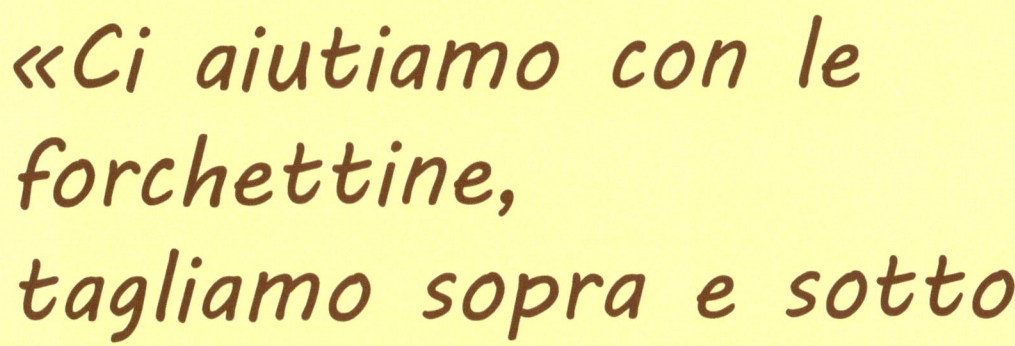

«Ci aiutiamo con le forchettine, tagliamo sopra e sotto e sbucciamo questo goloso Bambolotto.»

Una volta tolta la buccia con le spine, senti il profumo e la dolcezza senza fine. Veramente è un frutto dal gusto **adorabile.**

«Che facciamo mamma con tutti i suoi semi?»

«Prova a piantarli Nico, vediamo se esce un nuovo *fico!*»

L'abbiamo messo nel vaso nella terra.

L'odore della gustosissima polpetta ha attirato anche la cavalletta.

Si è succhiata via
l'ultima polpa dal seme

e poi
bella contenta si
è addormentata bene.

Passava il tempo,
il sole ancora
brillava, aspettavo il
risveglio
ma la piantina
di **cactus**
non nasceva.

Era triste vedere quel vaso vuoto...
La soluzione però è venuta subito dopo:
la gita verso il mare mi ha fatto rilassare.

Il giorno che siamo
andati a mare
lì
abbiamo trovato
una bellissima
pianta da piantare.

«Mamma, ma se noi ci portiamo un pezzetto di questa pianta bella, abbelliamo il nostro vaso. Tanto sarà un solo caso. Di grave non succede niente.»

E sì
e sì
e sì
facciamo
così...

Da quel giorno ero molto felice.

Il mio vaso con il seme
non era più vuoto.
La **pianta grassa** del mare
mi ha portato
la gioia
di guardare.

Si chiamava "Le unghie della strega" ed era

una pianta magica
e bella che sempre cresceva.

Poi dopo tutto l'anno di scuola,
stanco dagli studi,
l'ho dovevo lasciare da sola.

Prima dell'estate la salutavo,
tanto dopo due messi tornavo!

Quando siamo tornati, dopo
tutto quel caldo,
non era più la stessa
pianta che cresceva.
Si è **seccata** povera bella...
come mi dispiaceva!

«Cosa è successo alla mia pianta?
Da sola non poteva stare?
Magari le mancava il mare!»

una piantagione di fichi!»

Piccola storia di un fico d'india

Copyright © 2019 Martina D. Moriscoová

Tutti i diritti sono riservati. Nessuna parte di questo libro può essere riprodotta, memorizzata o trasmessa in alcuna forma o con alcun mezzo, elettronico, meccanico, in fotografia, in disco o in altro modo, compresi cinema, radio, televisione, senza autorizzazione scritta dall'autore.

www.ingramcontent.com/pod-product-compliance
Lightning Source LLC
Chambersburg PA
CBHW041934240526
45473CB00034B/1526